SHOULDERS
OF GIANTS

巨人的肩膀

巨人的肩膀

再论相对论

〔德〕 **爱因斯坦** 著

谢海伦 译

江苏凤凰科学技术出版社
· 南京 ·

图书在版编目（CIP）数据

再论相对论 / (德) 爱因斯坦著 ; 谢海伦译 . — 南京 : 江苏凤凰科学技术出版社 , 2021.5
（巨人的肩膀）
ISBN 978-7-5713-1646-4

Ⅰ.①再… Ⅱ.①爱… ②谢… Ⅲ.①相对论－普及读物 Ⅳ.① O412.1-49

中国版本图书馆 CIP 数据核字（2020）第 262255 号

再论相对论

著　　　　者	[德] 爱因斯坦	
译　　　　者	谢海伦	
责 任 编 辑	吴梦琪	
责 任 校 对	仲　敏	
责 任 监 制	周雅婷	
出 版 发 行	江苏凤凰科学技术出版社	
出 版 社 地 址	南京市湖南路 1 号 A 座，邮编：210009	
出 版 社 网 址	http://www.pspress.cn	
印　　　　刷	溧阳市金宇包装印刷有限公司	
开　　　　本	889mm×1240mm　1/32	
印　　　　张	2.75	
字　　　　数	58 000	
版　　　　次	2021 年 5 月第 1 版	
印　　　　次	2021 年 5 月第 1 次印刷	
标 准 书 号	ISBN 978-7-5713-1646-4	
定　　　　价	39.00 元	

图书如有印装质量问题，可随时向我社印务部调换。

SIDELIGHTS ON RELATIVITY

BY

ALBERT EINSTEIN, Ph.D.

PROFESSOR OF PHYSICS IN THE UNIVERSITY OF BERLIN

I. ETHER AND RELATIVITY

II. GEOMETRY AND EXPERIENCE

TRANSLATED BY
G. B. JEFFERY, D.Sc., AND W. PERRETT, Ph.D.

METHUEN & CO. LTD.
36 ESSEX STREET W.C.
LONDON

《再论相对论》1922 年英译版封面

出 版 前 言

　　正如艾萨克·牛顿（Isaac Newton）曾在信中对罗伯特·胡克（Robert Hooke）所说，"如果我看得更远些，那是因为站在巨人的肩膀上。"（"If I have seen further it is by standing on the shoulders of Giants."）我们通过出版19、20世纪近代科学革命中的先驱者、创始人和代表人物的著作，以期将现代文明赖以发展的重要科学方法、理论和思想，作为新的"巨人的肩膀"，向公众普及。丛书借由各个学科大师的经典论述展现了近代科学革命的重大论题，帮助大众读者和科学爱好者了解当时的巨擘们所承担的历史使命，感受一百多年前"巨人的肩膀"的坚实与高大。当然，我们同样期望在推动兴趣读物的大众普及之余，也能以原汁原味的科学经典，为当前科学从业人员的理论研究与思想探索带来一定的启发。

　　当今时代与数百年前一样，依然是科学的时代，是信息技术逐渐成熟，向着未来技术过渡的时代。然而，相比19世纪末、20世纪初轰轰烈烈的科学革命（以相对论、量子力学取代经典物理学为代表），可以说我们的时代在科学理论上已经进入了美国科学哲学家伯纳德·科恩所说的"常态科学"（normal science）阶段：基础理论虽仍在进步（比如堪称日新月异的凝聚态物理和量子信息理论），但最基本的科学理论范式并没有再发生颠覆性的变革，至今局限于相对论、量子力学和两者结合下产生的量子场论。

审视历史，方能看到未来。为此，"巨人的肩膀"丛书的每一辑都将包括相对论和量子力学的著作各一本，或是直接的物理学讨论，或是背后的思想性论述，与读者一起重温现代物理学两大支柱刚刚树立之时紧张而热烈的思想环境和精彩而曲折的探索历程。除此之外，我们也会从生物学、计算科学、心理学、科学史、科学哲学等学科各具开创性的著作中，遴选适当书目，以多个学科组成丛书的每一辑，从多角度拼出科学变革的整体图景。

我们深知，翻译和整理不同科学门类的代表人物（尤其是理论范式开创者们）的著作是一项难度很高的工作，能力所限，难免有不足之处，还望方家不吝指正！

序 言

赵 峥

（北京师范大学物理系教授，

引力与相对论天体物理学会前理事长）

《再论相对论》这本书收入了大多数人未曾见过的爱因斯坦的两篇文章。一篇是他于1920年在莱顿大学所作的演讲《以太和相对论》，另一篇是他于1921年在普鲁士科学院所作的演讲《几何学与经验》。

我们通常见到的爱因斯坦写的有关相对论的文章，主要是包含大量数学公式的学术论文，以及很少几本科普读物。这些文章和书籍都是介绍和解释他已经建成的相对论学术大厦的，从中很难看出他构建这些大厦时的思路和历程，而这正是希望学习爱因斯坦创新思维方式的年轻人非常需要的东西。

本书收集的这两篇文章，正好是爱因斯坦从不同的视角向人们展示他创建相对论时的思维过程。年轻人有可能通过对这本书的阅读和思考，学习爱因斯坦的思想方法，增强自己的创新能力。

书中《以太和相对论》这篇文章详细介绍了相对论诞生前夜出现的"以太"迷雾，介绍了"以太"理论的产生、"改进"以及如何最终被爱因斯坦抛弃的过程。以太这个东西最早是公元前300多年由古希腊哲学家亚里士多德提出的。他在自己的地心模型中，把宇宙划分为月下世界和月上世界两部分，认为月下世界中存在的万物都是会腐朽的东西，月上世界则充满轻而透明，并且永恒存在的以太。在相对论诞生的前夜，学术界已经认识到光是波动，而且是横波。光既然是波动，就需要有载体，那么遥远恒星的光是通过什么载体穿越辽阔的宇宙到达我们这里的呢？于是人们自然想到了亚里士多德所说的以太，大多数人认为光波就是以太的弹性振动。在这篇文章中，爱因斯坦还提到了以太理论复活的另一个原因，那就是超距作用的发现。当时已经发现的万有引力和电磁力似乎都不是靠物体直接接触传递的，而是"超距"传播的。有些哲学家据此认为，物质实际上有两类，一类是"可称量物质"，即能受到万有引力作用的物质。另一类是不能称量的物质，即不受万有引力作用的物质，称为"以太"，超距作用就是通过以太传递的。为了能解释当时已知的各种实验，学者们对以太的性质不断进行"修正"。然而，这些"修正"最终还是不能解释光行差现象、迈克耳逊实验和斐索实验之间的矛盾：以太相对于地球，到底动还是不动？最终，爱因斯坦走出了决定性的一步：他选择抛弃以太理论，从而构建起狭义相对论的大厦。

1900年前后，洛伦兹和庞加莱都已经非常接近相对论的发现。但是洛伦兹抱着绝对空间和以太不放，认为存在相对于绝对空间和以太静止的优越参考系，从而放弃了相对性原理；庞加莱希望坚持相对性原理，所以他放弃了绝对空间，但他又认为存在以太，默认相对于以太静止的参考系是优越参考系，所以他实际上还是放弃了相对性原理。爱因斯坦则认为，绝对空间和以太都不存在，从而彻底坚持了相对性原理。

爱因斯坦放弃绝对空间和以太，是深受马赫影响的结果。奥地利物理学家马赫对物理学的直接贡献很小，但他敢于批判"祖师爷"，认为牛顿所说的绝对空间根本就不存在。马赫强调看不见摸不着的东西都不应该承认其存在，谁都没有见过绝对空间和以太，所以这两样东西都不存在。马赫的这一思想深刻影响着青年爱因斯坦。爱因斯坦认为马赫说得太对了，所以他同时抛弃了绝对空间和以太这两个东西，从而彻底坚持了相对性原理，走上了创建相对论的正确道路。

作为相对论基础的公理，除去相对性原理之外，还有一条，那就是"光速不变原理"。这条原理说"光速与观测者相对于光源的运动无关"。这条原理是爱因斯坦独自提出的，洛伦兹、庞加莱和其他物理学家都没有谈到过这条原理。

爱因斯坦曾经强调，他的相对论与牛顿经典物理学的分水岭，最重要的不是相对性原理，而是光速不变原理。

这篇文章的最后，爱因斯坦简单介绍了他一生最引以为自豪的成就——广义相对论，介绍了黎曼几何和弯曲的时空。他还风趣地谈到，虽然自己的狭义相对论抛弃了以太，但自己的广义相对论似乎又拯救了以太。他认为，不属于"可称量物质"的时空居然会发生弯曲，这不是说明时空本身是一种以太吗？他的这一思想非常值得人们深思。今天我们谈论的暗能量是不是也有点像以太呢？它不参与电磁相互作用，对光透明，在宇宙间均匀分布，但有负压强。

《几何学与经验》一文，介绍了几何学如何从经验中诞生，形成具有严密逻辑体系的欧几里得几何，最后发展为更为严格、完美的现代几何学，并在物理学特别是广义相对论中得到重要应用。

欧几里得几何形成于公元前300多年，那段时间在西方的地中海区域和东方的中华大地上都出现了百花齐放、百家争鸣的思想大解放、大发展的繁荣局面。对于我们中国人来说，有一点比较遗憾，那就是中国的"诸子百家，唯独缺少欧几里得这一家"。这就使得中国古代的哲学和科学发展中，数理逻辑显得薄弱，数学工具也较为欠缺。

欧氏几何是第一个成熟的数学分支，它对自然科学特别是物理学的发展产生了重大影响。在牛顿和爱因斯坦的主要著作中，都可以看到欧氏几何的影响。

牛顿的《自然哲学之数学原理》一书就是按照定义、公理、定理这样的欧几里得式的公理体系写成的，书中所用的数学工具也主要是欧氏几何，所以书中有很多图。牛顿虽然是微积分的创始人之一，但当时微积分处于初创阶段，还不成熟，不能代替几何在物理学中的地位。后来随着微积分的发展，数学分析逐渐取代几何成为物理学中主要的数学工具。其典型是拉格朗日《分析力学》一书的出版，这本长达数百页的力学书中居然没有一幅几何图，他把几何彻底赶出了物理学。此后，一直到爱因斯坦相对论的诞生，几何学才重新回到物理学的领域。

爱因斯坦从小就深受欧几里得几何的影响，少年时期他就对几何书籍非常感兴趣，成年以后又深受黎曼、庞加莱和希尔伯特等数学家的影响。他的狭义和广义相对论都是模仿欧氏几何的结构建立起来的：先是定义和公理，然后在公理的基础上导出核心公式。正如前面所说，狭义相对论就是在"相对性原理"和"光速不变原理"这两条公理的基础上，导出"洛伦兹变换"这一核心公式，然后得到"同时的相对性""动尺收缩""动钟变慢""质能关系"等一系列推论。他的广义相对论则是先提出"广义相对论原理"和"等效原理"，并考虑马赫关于惯性起源的思想（即所谓"马赫原理"），然后导出核心公式"爱因斯坦场方程"，再算出广义相对论的几个可观测效应，并得到静态宇宙模型和引力波等重要推论。

爱因斯坦从少年时代就喜欢哲学，在这本书中读者不难看出以康德为代表的德国古典哲学对爱因斯坦创建相对论的影响。在这里我想对德国和中国哲学界对科学的影响做一个比较。德国的哲学继承了古希腊的许多哲学思想。古希腊文明与中华文明的一个重要差异是，中华文化主要关注人与人之间的关系，而古希腊文化比较重视人与自然的关系，所以他们从公元前500多年开始就相继提出了"中心火说""地心说""日心说"等比较科学的宇宙模型，并创建了严密的欧几里得几何。德国的古典哲学继承了古希腊文化，其繁荣时期出现在哥白尼提出日心说之后，也就是近代自然科学诞生之后，因此以康德为代表的德国古典哲学界深受自然科学发展的影响，他们的哲学理论与科学和数学的联系比较紧密，所以又反过来促进了科学和数学的发展。中国的哲学繁荣期在历史上只有一个，那就是春秋战国时期，此后虽有佛教的传入，中国的哲学也没有出现重大革新，并且始终没有受到自然科学和数学发展的影响。所以直到近代，中国的哲学界也没有能对科学和数学的发展起过大的促进作用。

从这本书中，读者不难看出爱因斯坦具有高深的哲学和数学修养，他不仅是一位伟大的物理学家，在哲学和数学方面也有极深的见解。爱因斯坦这位划时代的伟人出现在20世纪初的德国，和这一时期的德国存在世界上最为肥沃的哲学、数学和科学土壤是分不开的。

最后，我还想称赞本书的编辑团队在书中加入的精美插图和详细注释，这些插图和注释非常有助于读者理解书中的内容，增加了本书的可读性。

目 录

以 太 和 相 对 论

几 何 学 与 经 验

附 录

以 太 和
相 对 论

于 1920 年 5 月 5 日，在莱
顿大学发表的演讲

从日常生活中，我们抽象出了"可称量物质"的概念。那么，物理学家们又是为何提出了另一种物质"以太"的存在呢？[①] 这个问题，大概从引发"超距作用理论"的种种现象中，以及从"波动理论"的光的性质中，可以得到答案。先让我们花一些时间思考一下这两个理论。

超距作用理论

在物理学的范畴之外，我们对超距作用知之甚少（图1.1）。这是因为，当我们想要从自然事物的体验中把物体间的因果关系联系起来时，似乎总带有一种先入之见，认为只有直接的接触才会产生物体间的相互作用。比如因撞击、推拉产生的运动，加热物体，或者是火焰引起的燃烧，等等。

图 1.1　神秘的超距作用

----

① 1899 年，德国著名博物学家海克尔（Ernst Haeckel）在他的著作《宇宙之谜》中提到物质的基本形态有两种：可称量物质和以太。参见 HAECKEL E. The Riddle of the Universe [M]. MCCABE J, trans. London: Watt & Co., 1929: 78. ——译者注（本书图注、页下注如无特殊标明，均为译者加注）

　　然而，日常生活中对于"重量"的体验，其实就是一种对超距作用的感知，即使这对我们非常重要，但因为在日常生活中，我们恒定地感觉到自己身体的重量，而且这种感觉不会因为时间和空间的改变而产生变化，所以在平时，我们不会思考重力产生的原因，也就不会意识到它其实是一种超距作用力。正是牛顿[①]的万有引力理论首先把重力解释为由质量产生的超距作用（图 1.2）。

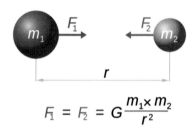

$$F_1 = F_2 = G\frac{m_1 \times m_2}{r^2}$$

图 1.2　牛顿的万有引力

万有引力本质上是一种不需要直接接触就能够起作用的超距作用。

　　牛顿的万有引力理论可能是人类在探索自然现象中的因果联系中最伟大的进步。但是这一理论曾令牛顿同时代人产生了强烈的不适感，因为它似乎和其他从生活经验中产生的信条相悖。那些信条认为，相互作用只有通过接触才会产生，而无法通过直接的超距作用产生。

----

① 艾萨克·牛顿（Isaac Newton，1643—1727），英格兰物理学家、数学家、天文学家、自然哲学家和炼金术爱好者。1687 年他发表《自然哲学的数学原理》，阐述了万有引力和三大运动定律，奠定了此后三个世纪物理学的基础。

出于人类对于知识的渴望，使得这种超距作用力和接触作用力之间的二元论（图 1.3）能够被牛顿的同时代人勉强接受。但按照牛顿对于自然力的理解，力的统一性又该如何维持呢？有的人试图把接触力看作是一种特殊的超距作用力，但是只有在距离足够小的时候，它才能够被观察到（图 1.4）。这是牛顿的拥护者所喜欢的解释，他们彻底地认同牛顿的理论。

图 1.3　牛顿力学中的二元论

图 1.4　统一两种力的第一种方式：微观超距作用力

　　接触力其实是一种距离很小的微观超距作用力，看似接触的物体之间实际上没有彼此触碰到。

有的人认为牛顿超距作用力只是"看起来"是存在于远距离中的，实际上，它是通过空间中渗透的某种介质的运动或弹性形变来传播的。因此，为了追求关于力的本质的观点上的统一而做出的努力，使得"以太"的假说得以产生（图 1.5）。可以确定的是，"以太"假说一开始并没有给万有引力理论和物理学整体带来任何发展。所以人们习惯于把牛顿力学定律当作无法被继续简化的公理。但是以太假说总能在物理学中起到一定的作用，即使一开始它只是一个潜在的成分。

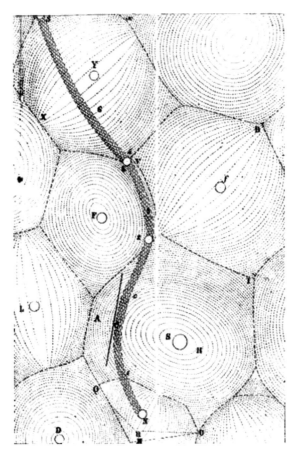

图 1.5　统一两种力的第二种方式：以太假说

超距作用并不真的"超距"，而是要通过星体之间的"以太"传播。图中所示即笛卡尔所谓的"以太旋涡"（Aetherwirbel）。

光的波动性和以太

在十九世纪上半叶，当人们发现光的性质和可称量物质中的弹性波存在着广泛的相似性时，以太理论得到了新的支持。毫无疑问，光必须被解释为"一种充满宇宙空间的弹性惰性介质中的振动过程"。然而既然人们又发现了光会偏振这一事实，就必然会得出结论：以太这种介质一定是固态的——因为横波无法在液体中传播，只能在固体中传播。

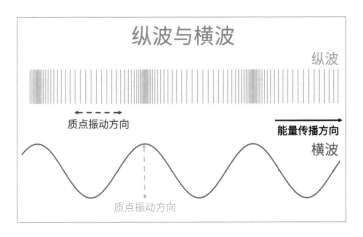

图 2.1　纵波与横波

在液体中，质点间只能传播法向的弹力作用，而不能传递切向的弹力作用（液面除外），所以气体和液体只能传播纵波。

因此，科学家们得到的必然是光以太的"准刚性"理论：以太的各个部分除了相对应的光波引起的形变的微小移动之外，彼此之间没有相对运动。

这项理论也被称作"静止光以太理论"（图 2.2 ）。

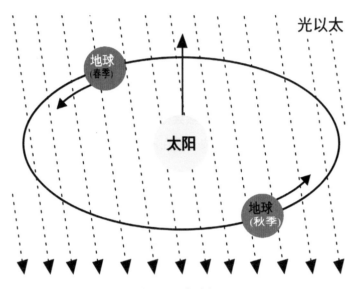

图 2.2　光以太

"光以太"（Luminiferous aether），直译为"发光的以太"。当时的人们认为光是以太内部的振动波，所以称呼以太为"光以太"。

而且，该理论在斐索实验（图 2.3 ）中得到了强有力的支持，这一实验同样在狭义相对论中具有根基性的作用。通过这项实验，人们不得不推测，光以太并不会随着物体一起运动。光行差现象也支持以太的准刚性理论（图 2.4 ）。

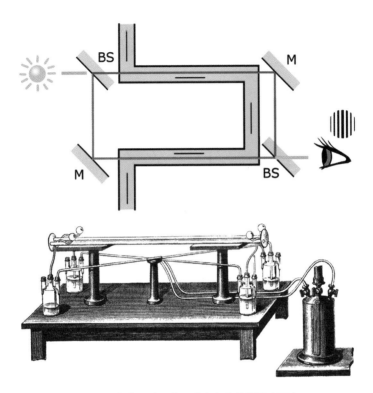

图 2.3　斐索实验示意图（上）和装置图（下）

　　从光源射出的一束光被半镀分光镜（BS）分为两束，分别经过逆于水流和顺于水流的路径后汇合，会看到两束光之间存在干涉条纹，且水流运动越快，干涉条纹变化越快。

　　阿曼德·斐索[①]认为，水流确实能拖曳"以太"，提高或降低光速，但这种拖曳的效果远远低于水的流速本身，这意味着以太是难以被物体的运动完全拖动的，具有"准刚性"。

---

① 阿曼德·斐索（Armand Hippolyte Louis Fizeau，1819—1896），法国物理学家。

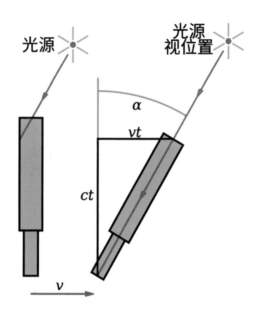

图 2.4　光行差现象

　　当光源和观察者之间存在相对运动时，就会产生光行差现象。如果把光线想象成雨水，这就类似于冒雨前行时感到雨从斜上方落下，不得不把伞微微前倾一样，光源的成像位置就会偏斜。

　　恒星光行差的测量结果并不符合经典力学里将光速和地球速度简单相加的结果。提出光以太的"部分拖曳说"的奥古斯汀-让·菲涅尔 [1] 认为，这是因为地球的运动会部分地拖曳以太和自己一起运动，使得光线相较于原定路径发生一定的偏折。

----

[1] 奥古斯汀-让·菲涅尔（Augustin-Jean Fresnel，1788—1827），法国物理学家。

电磁学中的以太

沿着麦克斯韦[①]和洛伦兹[②]所开辟的道路，电学理论得到了发展，其发展又给我们看待以太的思想带来了非常奇特且意想不到的转变。对于麦克斯韦来说，以太的确拥有纯粹的力学性质，尽管和有形的固体相比，它的力学性质要复杂得多。但是麦克斯韦和他的追随者都没能成功地为以太建立力学模型，这一模型本可以为麦克斯韦的电磁场定律带来令人满意的力学解释。电磁场定律清楚而且简单（图3.1），但是它的力学解释却笨拙而矛盾（图3.2）。

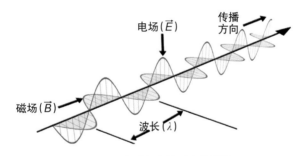

电场 ($\vec{E}$)

传播方向

磁场 ($\vec{B}$)

波长 (λ)

图 3.1 电磁场定律对光的解释

在麦克斯韦的电磁场定律中，光线本质上就是电场和磁场的交互激发所形成的定向传播的电磁波。于是传统的"光以太"，被"电磁以太"所代替。麦克斯韦的最大贡献以及电磁场定律的精妙之处就在于，将电、磁、光统一为电磁场所构成的电磁波。

----

① 詹姆斯·克拉克·麦克斯韦（James Clerk Maxwell，1831—1879），英国数学物理学家。其最大功绩是提出了麦克斯韦方程组，将电、磁、光统一为电磁场中的电磁现象。
② 亨德里克·安东·洛伦兹（Hendrik Antoon Lorentz，1853—1928），荷兰物理学家，曾与彼得·塞曼共同获得1902年诺贝尔物理学奖，是经典电子论的创立者。

它的力学解释却笨拙而矛盾（图3.2）。

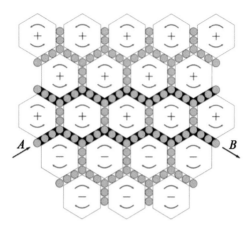

图3.2　麦克斯韦的电磁以太的力学模型

该图表示了磁的介质——"磁以太"和电的介质——"电以太"之间的力学关系。"从 A 到 B 的电流，AB 上面下面的大的图形是分子旋涡（磁以太），而那些分隔了旋涡的小圆形就是啮合在磁以太之间的粒子层，在假设中就代表了电。"（《论物理力线》第291页）[1]

为了解释相邻的旋涡如何能够朝同一方向旋转，麦克斯韦说："在机械上，当两个轮子打算沿相同方向旋转时，将一个轮子放置在两个轮子之间，使其与两个齿轮都啮合，该轮子称为'惰轮'。我必须提出的关于涡旋的假设是，在每个涡旋与下一个涡旋之间插入了一层用作惰轮的粒子层，因此每个涡旋都有使相邻涡旋沿与自身相同的方向旋转的趋势。"（《论物理力线》第283页）[2]

----

① 摘译自 MAXWELL J C. On Physical Lines of Force [J/OL]. Philosophical Magazine and Journal of Science, 1861(3): 291[2020-4-9]. https://upload.wikimedia.org/wikipedia/commons/b/b8/On_Physical_Lines_of_Force.pdf.

② 同上。

　　理论物理学家们不知不觉地适应了这种情况，这从他们原本接受的力学训练的立场看来是非常令人沮丧的。鉴于之前科学家们认为，一项确凿的理论应该只由基本的力学概念所组成（比如密度、速度、形变和压力），但特别受到海因里希·赫兹[①]电动力学研究的影响，他们开始逐渐习惯将电磁力和机械力放置于平行的位置——对于电磁力，不需要从力学上加以解释。因此，纯粹机械的自然观逐渐被抛弃了。但这项转变导致了一种根本性的、电磁力与机械力之间的二元论（图 3.3 ）。

图 3.3　电磁学引发的新二元论：电磁场 VS 机械力

　　从长远的角度来看，这种二元论是不可接受的。科学家逃避它的方式就是，往相反的方向上寻找解决办法，即将力学原理简化为电学原理，尤其是在人们对于牛顿力学

----

① 海因里希·赫兹（Heinrich Hertz，1857—1894），德国物理学家，于 1887 年首先用实验证实了电磁波的存在，并于 1888 年发表了论文。赫兹对电磁学有很大的贡献，所以频率的国际单位制单位"赫兹"（Hz）以他的名字命名。

的方程的严格有效性的信心，被 β 射线（图 3.4）和快速阴极射线实验（图 3.5）所动摇的时候。

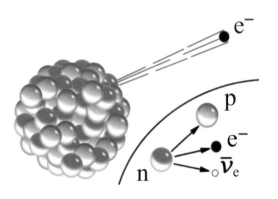

图 3.4 β 射线

1897 年，欧内斯特·卢瑟福 [①] 和约瑟夫·汤姆孙 [②] 研究铀的放射线在磁场中的偏转，发现铀的放射线有带正电、带负电和不带电三种，分别被称为 α 射线、β 射线和 γ 射线。其中 β 射线速度接近光速，以 β 射线轰击金属膜，测量出相应的动量、质量、能量关系，其结果不符合牛顿力学的预测。

----

① 欧内斯特·卢瑟福（Ernest Rutherford，1871—1937），物理学家，1908 年诺贝尔化学奖获得者，原子核物理学之父。卢瑟福领导团队成功地证实在原子的中心有个原子核，创建了卢瑟福模型。他最先成功地在氮与 α 粒子的核反应里将原子分裂，发现了质子，并且为质子命名。
② 约瑟夫·汤姆孙（Joseph John Thomson，1856—1940），物理学家，1906 年诺贝尔物理学奖获得者，他发现并鉴定了电子，这是第一个被发现的亚原子粒子。

阴极射线是在真空管中朝着垂直于阴极方向单向发射的射线，速度可达光速的30%，能激发玻璃上的磷光物质时产生磷光，老式电视机即以此原理成像。

包括赫兹在内的德国科学家普遍认为阴极射线是一种"以太波"，一种新的电磁波。英法科学家则认为阴极射线是一种带电的粒子流。汤姆孙测量出阴极射线中粒子的质荷比（粒子的质量和所带电荷之比），仅为带一个正电荷的氢离子的两千分之一，从而发现了电子的存在。

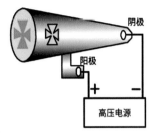

图3.5　阴极射线

但这种二元论依然以不可低估的形式存在于赫兹的理论中。在赫兹的理论里，物质不仅作为速度、动能、机械压力的载体出现，同样作为电磁场的载体出现。因为这样的场在真空，即自由的以太中也存在，所以以太同样也是电磁场的载体。看起来，以太在功能上和普通物质没有什么区别。在物质内部，以太参与物质的运动，在真空中，它在各处都有速度；所以以太在整个空间中，有一个被明确赋值的速度。赫兹所设想的以太（某种程度上存在于其内部的）和可称量物质之间，并没有根本的区别（图3.6）。

赫兹理论的缺陷不仅仅在于，把以太和物质一方面归为机械状态，一方面归类为电学状态，而这两种状态之间没有任何可能的联系。而且，它也和斐索的关于光在运动流体中传播速度的重要实验（参见图 2.3 中的斐索实验）以及其他已确立的实验结果不一致。

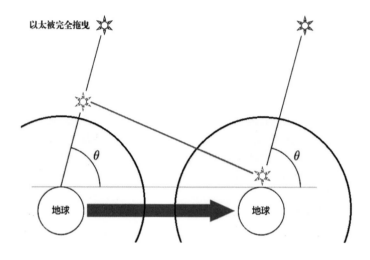

图 3.6　赫兹的以太模型

　　按照赫兹的以太模型，以太和可称量物质没有本质差别，所以在地球运动时，周遭的以太（图中黄色部分表示）和近地的光线就会被地球拖曳着一起运动，光线就不会因与地球的相对运动而产生光行差。所以赫兹的理论显然与天文观测结果严重不符。

洛伦兹的以太：最后的残余

这就是 H.A. 洛伦兹出场之前的一切情况。洛伦兹对几条理论性原理进行了伟大的简化，使理论和经验得以协调。通过剥夺以太的力学性质，剥夺物质的电磁学性质，他实现了自麦克斯韦之后在电学理论上最伟大的进步。在真空中以及在物质性的物体内部，只有以太，而不是那些被看作原子的物质，是电磁场的独一无二的载体。根据洛伦兹的理论，物质的基本粒子只凭自身就能进行机械运动，而只有在携带电荷的时候，它们才会进行电磁活动（图4.1）。因此，洛伦兹成功地将所有电磁现象还原为自由空间中的麦克斯韦方程组。

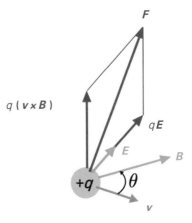

图 4.1a　洛伦兹力

洛伦兹把以太与物质的相互作用归结为以太与电荷的相互作用，电磁场的载体是以太，而运动电荷在电磁场中受到的力，就被叫作洛伦兹力。通过将洛伦兹力补充进麦克斯韦方程组，经典电磁学可以解释一切电磁现象。

图 4.1a 表示的是带电粒子（电荷为 q）在电场 E 和磁场 B 中以速度 v 运动时受到的洛伦兹力 $F = q \cdot v \cdot B \cdot \sin\theta$。

图 4.1b　在磁场中受洛伦兹力影响而以圆形运动的电子射线
　　由于电子与灯泡中的气体分子碰撞，紫色的光线沿着
电子运动路径发射出来。

　　对于洛伦兹以太的力学性质而言，用一种开玩笑的
态度，我们可以这样说：对于以太，洛伦兹唯一没有剥夺
的力学性质，就是不动性（immobility）。而现在可以补
充一点，狭义相对论在关于以太的构想上所带来的全部
变化，就在于从以太中去除了它仅剩的这最后一个力学性
质——不动性。如何理解这一点，我将马上加以阐述，我
们先回顾一下迄今提到的三种以太理论。

表 4.1　三种以太理论

理论	能否被物体拖曳	力学性质	运动状态
静止光以太	能（部分）	准刚性	几乎静止
电磁以太（赫兹）	能（完全）	非刚性	随物体运动
电磁以太（洛伦兹）	不能	不动性	绝对静止

洛伦兹的困境：理论不对称性

仿照麦克斯韦—洛伦兹的电磁场理论，我们可以建立狭义相对论的时空理论和运动学模型。因此可以说，这一理论满足狭义相对论的条件，但是当我们从狭义相对论的角度来看待它时，它又显示出了一种崭新的样貌。

如果 K 是一个相对于洛伦兹以太静止的坐标系，那么麦克斯韦—洛伦兹方程组首先要对 K 有效。但是，对于任何一个相对 K 做匀速运动的新坐标系 K' 来说，在狭义相对论中，一个适用于 K 的方程，在没有任何意义变化的情况下，在新的坐标系 K' 中也同样适用（图 5.1）。

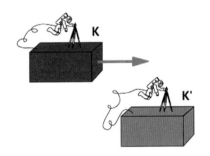

图 5.1　狭义相对性原理

爱因斯坦认为："如果物理法则以最简单的形式对于坐标系 K 适用，那么同样的法则也应当适用于，任何一个相对于坐标系 K 做匀速运动的坐标系 K'。"——《广义相对论的基础》A 部分第一节。[1] 这一相对性原理意味着，每个坐标系都是相对的、平等的，没有谁是绝对的、唯一确定的。

[1] 摘译自 EINSTEIN A, LORENTZ H A, MINKOWSKI H, et al. The Principle of Relativity: A Collection of Original Memoirs on the Special and General Theory of Relativity. [M]. SOMMERFELD A, ed. Mineola, NY: Dover Publications, 1952: 111.

现在，产生了一个令人焦虑的问题，为什么通过假设以太对于坐标系 K 是相对静止的，就不得不在理论上将 K 与所有相对 K 做匀速运动的坐标系 K' 区分开来？——它们在物理上的各个方面都是等价的啊。对于理论家来说，如果无法在经验体系中找到相应的不对称现象（图 5.2），那么理论结构中的这种不对称现象，就是不可忍受的。如果我们假设以太相对于 K 是静止的，但是相对于 K' 却是运动的，那么在我看来，K 和 K' 在物理学上的等价性从逻辑的角度来看，即使不是完全错误的，也仍然是不可接受的。

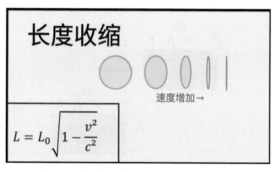

图 5.2　经验上的不对称现象：长度收缩

为了给理论上的不对称性（K 和 K' 相对于以太具有的不平等地位）辩护，洛伦兹假设了某种经验上的不对称性，他认为：相对以太运动的坐标系 K'，其中的物体尺寸在平行方向上会发生收缩，收缩比例恰好使得以太对坐标系 K 和 K' 的不平等影响被抵消。这种收缩效应，就是洛伦兹的"长度收缩假说"。

值得一提的是，虽然该假说的物理解释并不正确，但其数学方程却是正确的，因此爱因斯坦在狭义相对论中直接使用了洛伦兹的数学公式。

狭义相对论：抛弃以太

面对这种情况，我们接下来所可能采取的立场似乎就只剩下：以太根本不存在。电磁场并不是某种介质所拥有的状态，它也没有被绑定在任何载体上。它其实就像构成可称量物质的原子一样，是一种独立的现实，无法被还原成其他任何物质。这种构想，如果根据洛伦兹理论，会更容易把电磁场理解为电磁辐射，它能够像可称量物质一样，带来冲量和能量；而如果根据狭义相对论，会更容易把电磁场解释为一种失去了隔离状态、作为一种特殊能量形式存在的可称量物质，因为无论是物质还是辐射，其本质都是能量分布的一种形式（图 6.1）。

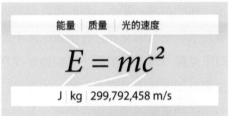

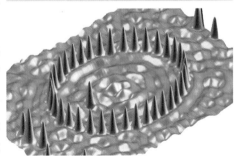

图 6.1 质能转化公式（上）和直观体现电子的波粒二象性的"量子围栏"（下）

在爱因斯坦看来，根据质能转化和波粒二象性的原理，电磁辐射和可称量物质，波和粒子，其本质都是能量，可以相互转化。

　　然而，更谨慎的思考结果是，狭义相对论并不强迫我们反对以太的存在。我们可以假设以太的存在，但是我们必须放弃赋予它确定的运动状态，也就是说，我们必须要通过抽象，拿走洛伦兹留给它的最后一个力学特征。我们将在后面讨论这个会被广义相对论的结果所证明的观点。现在，我要通过一个会稍稍打断当前讨论的比喻，来让这个观点更易于理解。

　　想象一下水面上的波纹。这里我们可以描述两种完全不一样的东西：要么，我们可以观察到起伏的水面是如何成为水和空气的交界，并随着时间不断变化的；或者，借助于某种小浮漂的帮助，我们能够观察到单独的水粒子的位置是如何随着时间变化的。如果说，这种能够追踪流体中粒子的运动的漂浮物在物理学基础中不可能存在——又如果说，在事实上，除了被水占据的这部分空间的形状在随着时间不断变化之外，我们再也观察不到其他的事物，那我们就没有理由去假设水是由可动的粒子构成的。但我们仍然可以把它刻画为一种介质。

　　在电磁场中就存在类似这样的情况。我们可以想象一个由力线构成的场，如果想把这些力线（图6.2）理解为通常意义上的某种物质，就会倾向于把场的动态过程解释为这些力线的运动，这样我们就能够追溯每一条力线随着时间产生的变化。然而，众所周知，这样去看待电磁场就会产生悖论。

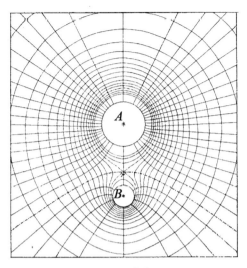

图 6.2 力线

在电磁场中，当两个界面相交的通量线与力的方向相同时，这些通量线就是力线，也被麦克斯韦称为感应线或流线，分别对应电静力学和电动力学。

图 6.2 显示的是两个电性相同但带电量比为 20 : 5 的点 A 和点 B 周围的等势面上的力线。[1]

一般而言，我们必须这样认为：可能会有一些被假定为广延的（supposed to be extended）物理学对象，运动的概念却无法适用于它们，它们也许不能被设想成是由能够在时间上被单独追踪的粒子所构成的。按照闵可夫斯基的话说：并不是四维世界中的每一个广延构象（extended conformation）都可以看作是由世界线（world-threads）所组成的（图 6.3）。根据狭义相对

----

① 摘译自 MAXWELL J C. A Treatise on Electricity and Magnetism [M]. Oxford: Clarendon Press, 1873: 12, 429.

论，以太不可能是由时间上可观察到的粒子所构成的。但以太本身的假设并不和狭义相对论相悖。只是我们必须小心避免将某种运动状态归属于以太。

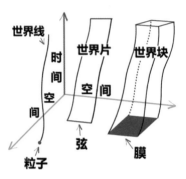

图 6.3　世界线

闵可夫斯基将时间和空间合称为四维时空，粒子在四维时空中的运动轨迹即为世界线。物理学对象的世界线（近似为空间中的一个点，例如粒子或观察者）是与该对象的历史相对应的时空事件序列，其中每个点都是一个事件，可以用该对象的时间和空间来标记。爱因斯坦认为以太并不能用世界线来理解，以太的空间性存在不能通过时间轴来追溯或刻画。

当然，从狭义相对论的立场来看，以太假说看上去首先是一个空洞的假说。在电磁场方程组中，除了电荷的密度外，只有场的强度是真实存在的。在真空中，电磁过程的发展似乎完全可以由电磁场方程组来决定，并不受其他物理量的影响。电磁场似乎是终极的、无法被还原的存在。所以在一开始假设一种同质的（homogeneous）、各向同性的（isotropic——指从各个不同方向测量都是一样的，译者注）以太介质，然后把电磁场想象成是这种介质的一种状态，这会显得非常多余。

广义相对论：拯救以太

但是，从另一个角度来看，还有一个支持以太假说的有力论据。否认以太的存在，最终就是假设真空没有任何物理特性，但力学的基础事实与这一观点并不合拍。因为，在真空中自由悬浮的物质系统，其力学特性（mechanical behaviour）不仅取决于系统内部各部分之间的相对位置（距离）和相对速度，而且也取决于其转动的状态，这种转动状态从物理学的角度看，或许并不属于这个系统本身。为了能够把系统的转动状态至少从形式上看作一种真实存在，牛顿将空间客体化了（图7.1）。因为他将绝对空间和真实存在的事物归为一类，所以对他而言，和绝对空间有关的转动也是真实存

图 7.1　牛顿的绝对空间

绝对空间（absolute space）是不会随任何外部作用或观察者而改变的一种客体化的空间。牛顿对空间的理解是："绝对空间，就其本性而言，与任何外界事物无关，而且永远是相同的和不动的。"[①] 这种绝对空间独立于所有真实存在的事物而存在，所以它自身也是客体化的。

---

① 摘译自NEWTON I. Philosophiae Naturalis Principia Mathematica Book 1[M]. MOTTE A, trans. CAJORI F, rev. Berkeley: University of California Press, 1934: 6–7.

在的。牛顿同样可能曾将他的绝对空间称为"以太";唯一重要的一点在于,除了可被观测的对象,另有一种不可感知的事物,必须要被看作是真实存在的,从而使得加速度或者转动也能被看作是真实存在的东西。

的确,恩斯特·马赫[①]曾经试图去避免将看不到的东西当作真实存在的那种做法,为此在力学中,他试图用宇宙全部物质的平均加速度来代替关于绝对空间的加速度。但是对于彼此远离的不同物体来说,它们自身的惯性对于彼此之间的相对加速度的那种阻抗效应,就预设了一种超距作用的存在。所以对于那些不相信超距作用存在的现代物理学家来说,如果他依循马赫的思路,就会再一次回头接受以太,不得不把它当作惯性效应的介质。不过,我们沿着马赫的思路所接受的以太概念,和牛顿、菲涅尔还有洛伦兹所设想的以太概念在本质上是不同的。马赫的以太,不仅仅会制约惯性物体的行为,而且它的状态反过来也会受到惯性物质的制约。

马赫的思想在广义相对论的以太论中得到了充分的发展。根据这一理论,时空连续体的度规性质(图7.2),是会在时空点所处的不同环境下发生变化的,另外它也会部分地受到那些外在于被研究区域的物质的制约。

[①] 恩斯特·马赫(Ernst Mach,1838—1916),物理学家和哲学家。马赫强调科学定律是观察的概括总结,而不是一种先入为主的真理,提出"思维经济原则",主张去除缺乏事实支撑的空洞假说,这就包括牛顿力学中的绝对空间和绝对时间。为此爱因斯坦视他为相对论的先驱。

图 7.2 时空弯曲

时空连续体在星体质量的影响下，产生了弯曲[①]，亦即度规性质（metrical qualities）上的变化。

关于度规性质，爱因斯坦认为物理空间不是一种抽象空间，而是受物质/能量所制约的，即物理空间有一种被度规张量 $g_{\mu\nu}$[②] 所规定的几何结构，这种几何结构受物质/能量分布的影响，表现为空间在微分（或仿射）几何学的意义上是被弯曲了的。相对论以这种时空弯曲中的自由运动，取代了在牛顿力学绝对空间中受引力场影响的运动。

时间标准和空间标准的相互关系所体现的这种时空变异性（the space-time variability），或者说，这种对于"真空"在物理关系上既不同质也非各向同性的认识，迫使我们使用十个函数（即引力势 $g_{\mu\nu}$，它由 10 个函数

---

① 时空变形有两种情况，一种是曲率发生变化，也就是弯曲，还有一种是产生了挠率，为扭曲。当前的理论研究和实验检验都表明真实时空的挠率为零，曲率不为零，时空发生了弯曲。

② 想象在一个坐标系中，有一条短到不能再短的线段，它的长度，和它两个端点的坐标差之间，所存在的数量关系，就是度规张量；度规张量决定了在一个坐标系里，已知线段端点的坐标差后，所计算出线段长度的结果，它定义了这个坐标系对任意线段进行长度测量的数学标准。

构成，参见图 7.3）来描述它的状态。我认为，这最终让我们放弃了空间在物理上是"空"的观点。但是，这就一并使得关于以太的构想又一次获得了可理解的内涵。尽管这种内涵与光的机械波动理论中的以太有很大的不同。广义相对论中，以太是一种本身没有任何力学和运动学特性的介质，但是却能够影响力学（和电磁学）事件的发生。

$$g_{\mu\nu} = \begin{pmatrix} g_{00} & g_{01} & g_{02} & g_{03} \\ g_{10} & g_{11} & g_{12} & g_{13} \\ g_{20} & g_{21} & g_{22} & g_{23} \\ g_{30} & g_{31} & g_{32} & g_{33} \end{pmatrix}$$

图 7.3 广义相对论的引力势 $g_{\mu\nu}$

在爱因斯坦看来，牛顿的万有引力理论中，被认为由引力所造成的位势（potentials）的引力势，其本质上就是空间在物质/能量影响下产生的度规张量 $g_{\mu\nu}$。这个量在四维时空的不同坐标轴上具有 10 个分量，可以用十个函数表示。$g_{\mu\nu}$ 的两个下标 μ 和 ν，表示它由 4 个时空维度（0 代表时间轴，1，2，3 代表空间 x、y、z 轴）的两两之间共 16 种函数关系构成；又因为任意两个维度之间是平等的，下标互换的两个函数相等，$g_{\mu\nu}=g_{\nu\mu}$，所以 16 个函数可以简化为 10 个（即图中斜线上面的部分）。

广义相对论中的以太和洛伦兹以太之间根本的不同在于，广义相对论的以太在每一个位置的状态，都是由它和物质、和附近的其他以太之间的联系决定的，这些联系都服从微分方程组形式的定律。而洛伦兹以太在没有电磁场的情况下，其状态不受自身之外任何因素的制约，而且在各处都相同。如果不考虑制约以太状态的外部原因，将描述广义相对论以太的空间函数用常数（图 7.4）替代，那么广义相对论以太和洛伦兹以太就会在概念上转化为同一事物。因此我认为，我们就可以说，广义相对论中的以太是洛伦兹以太经过相对论化（relativation）的产物。

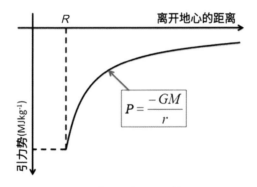

$$P = \frac{-GM}{r}$$

图 7.4 牛顿力学的引力势 *P*

相比之下，牛顿力学中的引力势就简单很多：一物体若令某一点距其为 *r*，此物体质量为 *M*，则引力势可表示成 *P=-GM/r*，其中 *G* 是引力常数。带负号的原因是，引力势以无穷远为零势面，质点从无穷远处到 *R* 处，引力做功为正，所以引力势能为负，引力势也是负的。

至于这种新的以太在未来物理学中会起到什么样的作用，我们还不清楚。我们清楚它决定了时空连续体的度规关系（metrical relations），比如固体以及引力场在形状构造上有怎样的可能性；但是我们不知道它在构成物质的电性基本粒子结构中是否占有重要的份额。我们也不知道是否只有在靠近可称量物质的地方，它的结构才会和洛伦兹以太的结构有本质上的区别；我们也不知道是否空间的几何结构在宇宙尺度上是近似于欧几里得几何的（图 7.5）。

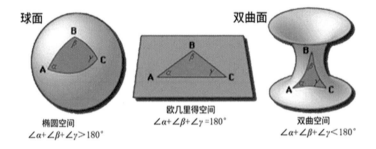

图 7.5　欧几里得空间和非欧几里得空间

爱因斯坦广义相对论中，物质对于空间的扭曲，就是利用非欧几何来描述的。在传统的欧几里得几何中，空间的曲率为零，对应于经典力学中的绝对空间，其度规张量就是个常数。而在非欧几里得几何学（简称"非欧几何"）中，当曲率为正时，空间是凸出来的椭圆空间（elliptical space），曲率为负时，则是凹进去的双曲空间（hyperbolic space）。不难发现，在非欧空间中，三角形三角之和，都不为 180°。类似地，许多经典力学所依靠的欧氏几何空间关系，也都失效了。

但是我们可以根据引力的相对论方程断言，如果宇宙中的物质存在一个正的平均密度，无论它有多小，那么在宇宙量级的空间上，就一定存在一个对欧几里得关系的偏离。在这种情况下，宇宙在空间上必定是无界的（unbounded），但在数量上则是有限的（of finite magnitude），它的量由物质的平均密度的值来决定（图7.6 和图7.7）。

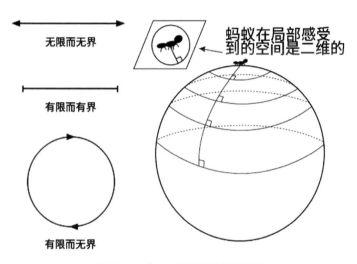

图 7.6 一维、二维空间的有限无界

对于只能认识一维空间的生命，圆周就是有限而无界的（左）；对于二维生命，球的表面就是有限而无界的。相对论认为，我们的三维空间的宇宙也是如此，其体积是有限的，但是并没有边界。

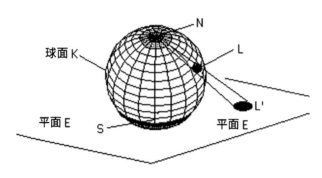

图 7.7　三维空间的有限无界

　　对于仅具有三维空间感知能力的人类，爱因斯坦表示，真实的宇宙类似于一个更高维度的"球体"，人类对其局部空间 *L* 的感受，仅是 *L* 在三维空间（用平面 *E* 表示）上的一个投影 *L′*，当 *L* 越来越靠近光源 *N* 时，这个投影就可以投射到无限远的地方，让人们感到整个三维空间是无止境的，而它在四维空间中的实体，则是体积有限的（详情参见本书第二部分《几何学和经验》）。

　　如果我们从以太假说的角度来看待引力场和电磁场，就会发现两者间存在显著的区别：

　　不可能存在一种空间，或空间的任何部分，能够不具备引力势，因为引力势赋予了空间以度规性质，如果没有它，就无法想象空间的存在。引力场的存在和空间的存在是密不可分的。

　　而另一方面，我们却可以想象，空间中的某一部分中没有电磁场的存在。因此，以太与电磁场的联系，相比于它和引力场的联系，似乎只是次要的。目前看来，电磁场的形式上的本质（formal nature）绝对不是由引力以太决定的。从现在的理论来看，电磁场似乎与引力场相反，是建立在一个全新形式的"模体（motif）^①"上的；这就好像，自然界本来也可以给引力以太赋予某些截然不同的场，比如说某些具有标量势（scalar potential）的场（图7.8），而不仅仅是电磁场这种。

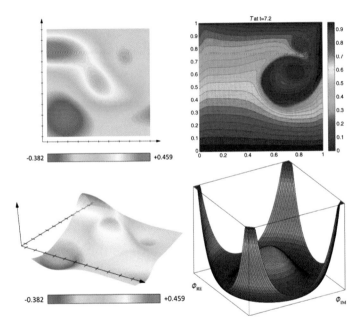

图7.8 标量势的二维和三维示意图

　　在标量势中，每个位置的量都是单纯的量（即标量），不具有方向性；一个物体在两个位置上受到的势能差，仅仅取决于两个位置本身，与物体的运动路径无关。

----

① "motif"一词兼有装饰图案、美术风格、艺术主旨的含义，这里指电磁场是空间内禀的一种微观结构层次。

温度是典型的标量势；著名的上帝粒子——希格斯玻色子的希格斯势也是标量（右下）。

值得一提的是，爱因斯坦曾经在 1913 年错误地将引力场看作是无方向的标量场 [1]，当时的爱因斯坦没有考虑电磁场的场能所可能产生的引力作用；不过在 1914 年末，爱因斯坦就已经放弃了这个理论，而将引力场看作是二阶张量（也就是我们之前所讨论的度规张量）所构成的场。

根据目前的构想，物质的基本粒子在本质上也不过是电磁场的凝聚。如今我们的宇宙观呈现出两种概念上完全不同的（尽管在因果性上又是彼此相接的）实体：即引力以太和电磁场——或者说，空间和物质。

当然，如果我们能够成功地将引力场和电磁场理解为一种统一的构象（conformation），那么这将是一个巨大的进步。法拉第和麦克斯韦所奠定的理论物理学的新时代，将第一次产生令人满意的结论。以太和物质之间的对立将会消失，通过广义相对论——如同当年的几何学、运动学和万有引力理论那样——整个物理学将会重新成为一个统一的思想体系。

在这方面，数学家外尔曾经做过一个非常巧妙的尝试，但是我不觉得他的理论在现实中能够站得住脚。另外，在考虑理论物理学不远的未来时，我们不应该无条件

---

① 摘译自 JANSSEN M. What did Einstein know and when did he know It? A besso memo dated August 1913[M]//JANSSEN M, NORTON J D, RENN J, et al. The Genesis of General Relativity. Dordrecht: Springer, 2007: 787–837.

地拒绝这样一种可能性，即量了理论中所包含的事实，可能会给场论带来无法逾越的界限。

图 7.9　外尔和《引力与电力》

赫尔曼·克劳斯·胡戈·外尔（Hermann Klaus Hugo Weyl，1885—1955），又译魏尔或韦尔，德国数学家、物理学家和哲学家。他传承了以大卫·希尔伯特和赫尔曼·闵可夫斯基为代表的哥廷根大学学派的数学传统。

外尔是最早尝试把广义相对论和电磁理论结合的人之一，希望将引力场和电磁场统一起来。1918 年 3 月外尔将《引力与电力》这篇论文寄给了爱因斯坦。爱因斯坦称赞其为"天才之作，神来之笔"，同时却认为"这个理论不可能与自然相符。"①

----

① 摘译自 SCHOLZ E. Hermann Weyl's contribution to geometry [M/OL]//JOSEPH D, CHIKARA S, eds. The Intersection of History and Mathematics. Basel: Birkhäuser, 1994(1): 218[2020-6-17].

综上所述，我们可以这样认为，根据广义相对论，空间拥有物理性质；因此，从这个意义上来讲，以太是存在的。根据广义相对论，没有以太的空间是不可想象的。因为在这样的空间里，不仅光无法传播，而且也不可能存在衡量时间和空间的标准（测量杆和时钟），因而就不存在任何在物理学意义上的时空间隔。

但是，这种以太或许不能被设想为具有可称量介质的特性，即它并不是由在时间上可被追踪的部分所构成的。运动的概念或许不适用于这种以太。

几何学与经验

对 1921 年 1 月 27 日柏林
普鲁士科学院演讲进行补
充后的结果

数学与现实的关系

数学比其他所有科学更受尊敬的原因之一是，它的定律是绝对确定且无可争辩的，而其他科学定律在一定程度上都是值得商榷的，而且总是面临着被新发现的事实所推翻的风险。尽管如此，如果数学定律研究的对象只存在于我们的想象中，而在现实中并不存在的话，那么其他学科的研究者也不必嫉妒数学家了。因为，下述事实——即当不同的人，都认可某些基本定律（公理），也认可从这些定律推导出其他定律的方法时，他们就会得到相同的逻辑结论——也已经不足为奇了。但还有一个原因使得数学享有如此高的声誉。数学为精确的自然科学提供了一定程度上的保障，而没有数学，自然科学就没有办法达到这一点。

在这时，一个谜团出现了。在各个时代，它都激起了人们的求知欲。数学毕竟作为人类思考的产物，独立于经验之外，而它又怎么会如此精妙地适合于现实对象呢？也就是说，不需要经验的人类理性，仅仅通过思考，也能够彻底弄清真实事物的属性吗？

我对于这个问题的答案，简而言之就是——如果数学指向了现实，那么它就是不确定的；如果数学是确定的，那么它就没有指向现实。在我看来，这种对事物状态上的完全的明晰性，是通过数学上一个新的分支而成为普遍性质的。这个分支被称为数理逻辑或者是"公理学（Axiomatics）"[1]。公理学所取得的进展，来自它把逻辑形式和或客观或直观的内容巧妙地分离开来。根据公理学，逻辑形式本身就构成了数学的主题——内容（subject-matter），和它有联系的直观内容或其他内容，与此并不相关。

让我们从这个角度考虑几何学的任意一个公理，比如下面这个：两点之间有且仅有一条直线。这个公理如何用过去和现代的意义来分别加以解释呢？

过去的解释方式：每个人都知道什么是直线，什么是点。这种知识来自人的思想能力还是来自实践，或者是两者的共同作用，或者有其他的来源，这不是数学家能够决定的。他将这个问题留给哲学家。基于这种出现在所有数学之前的知识，上述公理与所有其他公理一样，是不言而喻的，也就是说，它是先天知识（*a priori* knowledge）[2]的一部分。

---

① 即通过公理化方法（axiomatic method），把传统几何学从直观的图形内容中进一步抽象为由定义、公理、定理所组成的公理系统。德国数学家希尔伯特在《几何基础》中系统提出了将几何学的公理化方法。

② 德国哲学家康德在《纯粹理性批判》中提出的哲学概念，指的是完全不依靠所有特殊的经验，而由人类天生的思维能力所具备的知识，与源自经验的后天知识（*a posteriori* knowledge）相对。

图 8.1 希尔伯特与《几何基础》

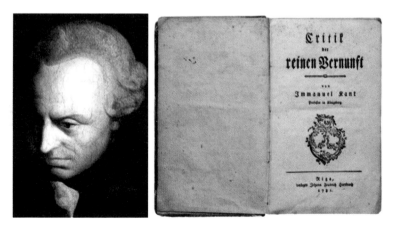

图 8.2 康德与《纯粹理性批判》

更现代的解释方式是：几何学探讨的是实体，这些实体用直线、点等词语表示。这些实体不设定任何知识或直觉或别的什么是理所当然的，它们只假定公理的有效性。例如上面所提到的公理，这些公理只具有纯粹形式上的意义，也就是说，并不具有任何直觉或经验上的内容。这些公理是人类大脑的自由创造。几何学的其他所有命题都是对公理的逻辑推论（这些公理只能在唯名论[①]的角度上理解）。几何学所讨论的问题首先要由公理定义。因此，莫里茨·石里克在他关于认识论的书中，将公理非常恰当地表述为"隐性定义（implicit definitions）"。

----

① 唯名论（Nominalism）：西方形而上学的观点之一，起源于古希腊柏拉图学派，经中古欧洲经院哲学家发展，成为西方哲学探讨的主题之一。它讨论的是关于事物的概念（共相）与具体事物（殊相）之间的关系。唯名论认为具体事物并没有普遍本质，只有实际的个别事物是真实存在的；共相非实存，而只是代指事物性质的名称，所以叫作"唯名"论。

图 8.3　石里克与《普通认识论》

弗里德里希·阿尔伯特·莫里茨·石里克（Friedrich
Albert Moritz Schlick，1882—1936），德国作家、哲学家，
出生于德国柏林，逝世于奥地利维也纳。维也纳学派和逻辑
实证主义的创始人，属于分析哲学学派。

《普通认识论》是石里克的代表作。在这部著作中他
反驳了康德主义的综合先天知识理论，认为只有下清晰断言
的才是定义，比如形式逻辑和物理学，它们的定义过程就是
将语词完全转化为可以引导出判断的新概念。相比而言，数
学公理则是一种隐性定义，"它并没有创造全新的、例外的
东西，而只是揭露了这些概念在数学推理中事实上已经扮演
的角色"。[①]

---

① 摘译自 SCHLICK M. General Theory of Knowledge [M]. BLUMBERG
A E, trans. New York: Springer, 1974: 34.

公理化几何与实用几何

这种现代公理学所倡导的公理观，清除了数学中所有外来的无关因素，从而驱散了之前围绕着数学原理的那团迷雾。但是对这样被阐明的数学原理的展示也表明，数学本身并不能够对知觉对象或真实对象做出陈述。在公理化几何中，"点""直线"等词语只是空洞的概念图式（conceptual schema）①。要为这些概念架构提供事实基础，则与数学无关。

然而从另一方面来看，我们可以肯定的是：数学，尤其是几何，之所以存在，就是因为人们觉得有必要了解真实事物之间的关系。"几何学"（geometry）这个词语就证明了这一点，它的意思是"测量大地（earth-measuring）"（前缀"geo-"意为"earth"即大地，后缀"-metry"意为"measuring"即测量）。在测量大地时，必须要考虑某些确定的自然物体相对于其他物体（比如大地的某些部分、测量绳、测量杆等）的布置（disposition）的可能性。显然，仅仅凭借着公理化几何的概念系统，不能对这种被我们叫作"近似刚性的"（practically-rigid）真实物体之间的关系，做出任何判断。为了能够做出这样的判断，几何学必须从单纯的逻辑形式的特征中剥离出来，而这是需要将经验中的真实对

① 图式：康德哲学术语，意为"形式，形状，图形"，指那种决定了纯粹、非经验性的概念如何与感觉相结合的程序性规则。

象，和公理化几何中的空泛概念框架相协调才能实现的。要做到这一点，我们只需加上这样一个命题：和欧几里得三维几何中的物体一样，固体之间，在布置的可能性上，也是相互关联的。那么欧几里得命题也可以为近似刚性的物体之间的关系做出判断。

以这种方式被完成的几何学显然是一门自然科学，实际上，我们可以把几何学看作物理学中最古老的分支。它给出的判断本质上依赖于从经验而来的演绎，而不是仅仅依赖于逻辑上的推理。我们将把这个完成后的几何学称为"实用几何"（practical geometry），区别于"纯粹公理化几何"（purely axiomatic geometry）。这个宇宙中的实用几何是否是欧几里得式的（Euclidean）？——这个问题有着明确的意义，而它的答案只能通过经验来提供。物理中所有的线性测量都属于这个意义上的实用几何，大地和天文的线性测量也是如此。要证明这一点，只需援引一则经验法则——光是沿直线传播的，而且事实上是沿着实用几何意义上的"直线"传播的。

我给我刚才提出的几何观赋予了一种特殊的重要性，因为没有它，我就不可能构想出相对论。没有这种几何观，下述反思就是不可能的：在相对于惯性系旋转的参考系中，由于洛伦兹收缩，刚体的布置定律并不符合欧几里得几何的规则；因此，如果我们承认非惯性系统的存在，那么欧几里得几何就必须被放弃。如果没有上文的阐述作为铺垫，那么向广义协变方程（general covariant equations)^① 过渡的决定性一步也就很难存在。假设我们否认公理化的欧几里得几何学中的物体和现实中近似刚性的物体之间的联系，那么就很容易得到以下的观点——这也是一位敏锐而伟大的思想家亨利·庞加莱（图 9.1）所持有的观点：欧几里得几何因为其简单性，区别于所有可想象的公理化几何。既然纯公理化几何本身不包括任何与可体验的现实相关的判断，而只能在与物理定律相结合之后才能对现实做判断，那么无论现实的本质是什么，保留欧几里得几何都存在着可能性和合理性。而如果理论和经验之间存在矛盾，那么我们应该去改变物理定律，而不是改变公理化的欧几里得几何。假设我们否认的是近似刚性的物体与几何学之间的联系，那么我们确实也很难摆脱"欧几里得几何作为最简单的几何学应被保留"的这一习俗。为什么近似刚性的物体和几何学物体之间的等价性——它如此轻易地将自己表现出来——要被庞加莱和其他研究者们否定呢？很简单，是因为经过更仔细的研究，我们发现自然界中的固体并不是刚性的，它们之间的几何特性（geometry behavior）——也就是它们相对布置的可能性，依赖于温度和外力等条件。

----

① 爱因斯坦将广义协变性看作广义相对论的基础之一，要求物理方程在一般坐标变换下形式不变，且还要求该方程在局域的洛伦兹坐标系下与狭义相对论方程相同。因此常用张量场来描述物理量，从而使得某一物理定律在所有坐标系中都具有同样的数学表达式，即广义协变方程。

图 9.1 庞加莱与《科学与假设》

朱尔·亨利·庞加莱（Jules Henri Poincaré，1854—1912），法国最伟大的数学家之一，理论科学家和科学哲学家。庞加莱被公认是十九世纪末和二十世纪初的领袖数学家，是继高斯之后对于数学及其应用具有全面知识的最后数学家。

《科学与假设》是庞加莱科学哲学的代表作，集中体现了他的约定主义科学观。认为科学离不开假设和约定。几何学的基本原理既不来自逻辑学（康德的先天知识），也不来自感官经验，而是来自约定，但不是任意的约定，而是适合我们这个世界的约定。[①]

这样，几何学和物理学之间最初、直接的联系似乎被破坏了，迫使我们认同下面这个更普遍的观点，这也是庞加莱的立场：几何学（geometry，G）不能陈述真实事物之间的关系，只有当几何学带着某种物理学定律的意涵（purport，P）的时候，才能做到这一点。使用符号表示，我们可以说，只有 G+P 的总和，是受经验所

----

① 参见庞加莱. 科学与假设 [M]. 叶蕴理，译. 北京：商务印书馆，1989：3, 39-40.

支配的。因此 G 可以任意选择，P 也可以部分任意选择，而这些定律都只是约定 ①。为避免矛盾，我们所必须做的就是，选择好 P 的其余部分，使得 G 和整个的 P，可以一起符合于我们的经验。用这种方式设想的话，公理化几何和那些已经约定俗成的那部分自然规律在认识论上（epistemologically）是等价的。

在我看来，从永恒的观点来看（*Sub specie aeterni*）②，庞加莱是正确的。在相对论中，测量杆的理念和与之相应的时钟的理念，在现实世界中找不到确切的对应物。同样明显的是，固体和时钟的理念，在物理学的理念大厦中，并非作为不可简化的部分而存在，而都是一种复合的结构。这类复合结构在理论物理学中，不可能单独起作用。但是我坚信，在理论物理发展的现阶段，这些理念必须还要作为独立存在的理念来运用；因为我们还远远没有掌握足够的关于理论性原理（theoretical principles）的知识，也就无法给固体和时钟提供准确的理论建构。

此外，有一种反对意见认为，自然界中并没有真正的刚体，所以基于刚体得出的特性并不适用于物理学现实。这种反对意见粗略一看非常彻底（radical），但其实并非

---

① 庞加莱认为科学理论并不是现实的反映，而是人为的假设和约定。同一组现象可以用不同的理论进行同样有效的解释。人们选择这种理论而不选择别种理论，完全是出自某种约定，而不是考虑其是否真实。这就是所谓的约定主义。

② 拉丁语，翻译为英文为 "Under the aspect of eternity"，出自斯宾诺莎的哲学，这是一种崇敬的表达，用来表示那些普遍而永恒为真的理念，它们是不需要援引或依赖于可朽的现实世界的任何部分的。

如此。因为精准地确定测量杆的物理状态并不困难，所以相对于其他测量体，它的特性足够清楚，没有模糊性，这使得可以拿它来代替"刚性"物体。对于刚体的各种表述所参照的，其实就是这样一种可以精确确定其物理状态的测量体。

所有的实用几何都是建立在一个可被经验所理解的原则上的。这也是我们正要努力实现的目标。我们把被限定于两条分界线之间，标记在近似刚性物体上的部分，称为一块"区域（tract）"。我们可以想象两个近似刚性的物体，每个都有自己的区域。如果这两个区域的边界可以永久地相互重合，那么我们就认为这两个区域"彼此相等"。基于此，现在我们可以假设：

如果两个区域在某一时刻，某一位置相等，那么这两个区域在所有时刻，所有位置都相等。

不仅欧几里得实用几何，而且最接近它、对它进行普遍化而得到的黎曼实用几何（图9.2），还有广义相对论，都是建立于这个假设之上的。要证明该假设，我只需提及一个实验：对每个局部时间间隔，光在真空中传播这个现象会指定一条区域，即光的最佳路径，反之亦然[①]。因此，在相对论中，对于区域的假设也必定适用于时钟的时间间隔。因此，它可以表述如下：如果两个理想时钟在任一时间、任何地点以相同的速率运行（两只钟彼此紧邻），那

----

① 即对于一段光在真空中传播所通过的每个区域，也都会有对应的局部时间间隔。

么无论何时何地，将这两只钟放在一起比较时，它们将始终以相同的速率运行。如果这项定律对于真实的时钟是无效的，那么说明相同化学元素的不同原子的固有频率，就不会像经验所证明的那样完全一致。有实验证明，锐光谱线（sharp spectral lines）是存在的，这一结果为上文的实用几何提供了有力的证据（图 9.3）。事实上，这是最根本的基础，基于此我们才能够去讨论在黎曼的意义上对"四维时空连续体"的测量方法。

图 9.2　黎曼和《论作为几何基础的假设》

格奥尔格·弗雷德里希·伯恩哈德·黎曼（Georg Friedrich Bernhard Riemann，1826—1866），德国数学家，黎曼几何学创始人，复变函数论创始人之一。

1854 年黎曼作了题为《论作为几何基础的假设》的就职演说，开创了黎曼几何，并为爱因斯坦的广义相对论提供了数学基础。黎曼几何是非欧几何的一种，它主张"在同一平面内任何两条直线都有公共点"，从而使得空间的曲率为正。黎曼几何也就是椭圆几何。

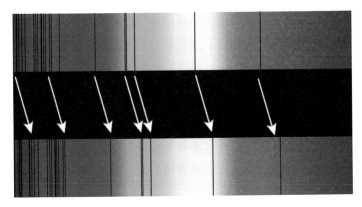

图 9.3 锐光谱线和红移效应

锐光谱线是由单一元素的原子发射出来的，不连续的、尖锐的一条或几条光谱线。锐光谱线的存在，为爱因斯坦的实用几何学提供了依据。

外尔认为，测量原子半径和光谱频率的测量杆和时钟并不是独立于它们在时空中的位置的。爱因斯坦则反对这一点，他需要依靠这两种理想化测量工具所具有的独立性来建立一门普遍有效的实用几何学。如果外尔是对的，则将两个原子从同一位置分开，经过不同的路径最后又合到一起，只要其中一个经过了很强的电磁场而另一个没有，它们就应当显示出不同的光谱线。但天文学观察并没有发现这一差别；所有化学元素的光谱都是锐光谱，并没有因光源在空间中的分布差异而有变化。

然而，星体光谱并非一成不变。在 1920 年代早期，哈勃发现了星体的原子光谱上的锐线统一向红色一端移动，也就是光线频率发生了类似多普勒效应的红移效应，从而得出了宇宙膨胀的推论。①

----

① RYCKMAN T. Einstein [M]. New York: Routledge, 2017: 270.

对于这个四维时空连续体是否符合欧几里得几何，或者符合黎曼的一般体系，还是符合其他理论——根据我在这里所提倡的观点，这是一个必须根据经验来回答的物理学问题，而不仅仅是一个根据实践基础选择何种约定的问题。如果近似刚性物体的放置定律可以转化为欧几里得几何体的布置定律，并且随着所考察时空维度的减少，这种转换的精确度将会成比例增加，那么黎曼几何将会是正确的。

的确，这种对于几何学的物理解释，一旦直接应用于亚分子数量级的空间时，就会立即失效。但是，在基本粒子的构成问题上，它还是有着一定的重要性的。在对构成物质的基本带电粒子进行描述时，这样一种尝试依然可以对那些关于"场"的理念赋予一定的物理学意义。这些"场"在物理学上加以定义后，本来是用于描述比分子大得多的物体的几何特性的。我们尝试在黎曼几何的基本原则的物理学定义的范围之外，依据这些原则来假设出一些新的物理学现实，只要这种假设成功了，那么这样一种尝试就是正当的。而可能出现的结果是，这种外推法（extrapolation）① 其实并没有什么正当性——就像要

----

① 外推论证是非正式且未经量化的论证，它超出了已知为真的数值范围来断言某事物是真实的。 例如，我们相信通过放大镜看到的现实，因为它与我们用肉眼看到的内容相符，但又超出了它；我们相信通过光学显微镜看到的东西，因为它与我们通过放大镜看到的东西相符，但又超出了它；进一步，我们又相信通过电子显微镜看到的东西——依此类推，这就是外推法。

把宏观的温度概念延展到分子量级的物体部分上去的尝试一样。

相比于拓展到分子量级，把实用几何学的思想扩展到宇宙量级的空间上，看上去并没有很大的问题。当然，有人会反对说，一个由实心杆组成的结构，随着其空间范围的扩大，它与理想刚体的区别也会成比例地变大。但我认为，我们很难给这种反对意见赋予什么根本的意义。所以在我看来，从实用几何学的角度来看，"宇宙在空间上是有限还是无限"这一问题无疑是意义重大的。我甚至认为，天文学有可能在不久的将来，就可以回答这个问题。让我们回想一下广义相对论在这个方面的教导，它给出了两种可能性：

1. 宇宙在空间上是无限的。这种情况是可能的——只有当（集中在星体上的）宇宙中的物质的平均空间密度为零时。换句话说，随着所考虑的空间持续地越发增大，如果星体的总质量和（星体散落于其中的）空间大小的比值无限期地趋近于零，那么宇宙在空间上就是无限的。

2. 宇宙在空间上是有限的。这种情况是必然的——如果宇宙空间中存在一个不为零的可称量物质的平均密度。这一平均密度越小，宇宙空间的体积就越大。

我必须要提到，有一个理论观点可以被提出来支持宇宙空间有限的假设。广义相对论告诉我们，一个给定物体的惯性，会随着其附近的可称量物质的增多而变大；因此，我们可以很容易地想到，一个物体总的惯性效应可以被还原为，它和宇宙中其他物体的作用和反作用。正如事实上在牛顿时代，引力就被还原成为物体间的作用力与反作用力。从广义相对论方程（图9.4）可以推导出，只有当宇宙在空间上是有限的，才能像恩斯特·马赫所提出的那样，把惯性完全还原为物质之间的相互作用。

$$G_{\mu\nu} = R_{\mu\nu} - \frac{1}{2}g_{\mu\nu}R = \frac{8\pi G}{c^4}T_{\mu\nu}$$

图 9.4　广义相对论的引力场方程

在广义相对论中，引力的作用被"几何化"，描述为黎曼空间中不受力（假设没有电磁等相互作用）的自由运动的物理背景。

广义相对论的引力场方程是一个二阶偏微分方程。最左边的 $G_{\mu\nu}$ 是爱因斯坦张量，描述了空间弯曲的情况。$R_{\mu\nu}$ 是从黎曼张量缩并而成的里奇（Ricci）张量，代表曲率项。$g_{\mu\nu}$ 是度规张量。R 是从里奇张量缩并而成的曲率标量（或里奇数量）。最右边的 $T_{\mu\nu}$ 是能量—动量张量，表示了能量和动量在时空中的密度和通量。

宇宙是有限的

对于许多物理学家和天文学家而言，这个观点并没有什么作用。只有经验才能最终决定在自然界中，哪一种可能性才是正确的。经验如何让我们看清答案呢？一开始我们会想到，通过观察宇宙中我们可以感知到的那部分空间，来确定物质的平均密度。这一方法似乎是可行的。但是这只是幻想而已。可被观察的星体分布是极其不规律的，因此我们无法冒险将宇宙中星体物质的平均密度设定为等同于（比如说）银河系的平均密度。无论所考察的空间有多大，我们都无法确定在那个空间之外就再也没有别的星体了。所以想要估算出一个平均密度似乎是不可能的。

不过还有另外一条看上去更可行的道路，尽管它也呈现出一些巨大的困难。因为如果我们深入研究由广义相对论的结论所显示出来的偏差——这种偏差可通过经验观察到，当这些偏差被拿来和牛顿理论的结论做比较时，就首先会发现偏差出现在了具有引力的物质附近，这一点已经在水星的例子上得到了证实（图 10.1）。但是，如果宇宙空间是有限的，那么就还有第二个偏离牛顿理论的地方，用牛顿理论的语言可以这样表述它：引力场不仅由可称量物质产生，也由均匀分布在空间中的符号为负的平均质量密度产生。由于这种人为假设的质量密度一定要非常小，所以只有在范围非常巨大的引力系统中，才能感受到它的存在。

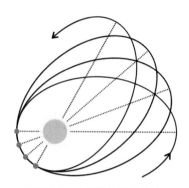

图 10.1 水星的轨道的进动

水星轨道的长轴由于各种扰动而在空间中略微旋转，其旋转的量（或轨道进动）比其他行星施加的引力所能解释的要大一些。广义相对论精确地解释了这种差异。水星是最接近太阳的行星，其轨道受太阳附近时空弯曲的影响最大。图中为演示效果考虑，从一个轨道到另一个轨道的变化已被明显放大。

假设我们能够知道，比如说，银河系中星体的统计学分布状况，以及它们的质量，那么根据牛顿定律，我们就可以计算出引力场以及各个星体所必须具备的平均速度，从而保持银河系不在星体的相互吸引下坍塌，并且维系银河系的实际大小。如果星体的实际速度——这当然是可以测量的——小于我们计算出来的速度，那么就可以证明，在很远的距离上，实际的引力小于由牛顿定律得出的引力。从这种偏差中可以间接地证明宇宙是有限的，甚至，我们可以估计出它的空间大小。

我们可以想象出一个有限但是无界的三维宇宙吗？

通常的回答是"不可以"，但这不是正确答案。以下的讨论是为了表明答案应该是"可以"。我想表明这没有什么特别困难的，我们完全可以凭借一幅心理图画来说明这种有限宇宙理论，只要进行一定的练习，我们很快就可以适应这个理论。

首先，是对认识论意义上的"自然"进行的观察。一种几何—物理学理论是无法被图像描绘出来的，它仅仅是一个概念系统。但是这些概念的目的是在心灵中，把真实或想象的感官经验的多样性联结起来。要把理论"可视化"，或者说，把它带回人们的心灵中，意味着要给出一种对经验丰富性的表征（representation）[①]，让理论能够为经验提供图式性（schematic）的安排。在这种情形下，我们不得不问自己，我们如何能够表征那些固体之间的关系，尤其是从它们的相互布置（比如说相互接触）——这种相互布置（reciprocal disposition）符合有限宇宙理论——的角度来进行表征。对于这个问题，我没有什么新鲜的回答；然而有无数的提问向我涌来，说明那些渴求这方面知识的人们的要求并没有得到完全满足。所以如果我接下来所讲的部分内容早已为人所知，也请已经入门的听众能够谅解。

当我们说宇宙的空间是无限的时候，我们在表达什么呢？就是说，我们可以把任意数量、大小相同的物体并排

----

① 康德哲学术语（德语 Vorstellungen）。指人的心智的被动接受能力，在某些外部的刺激下产生的各自独立的心智事件或状态，而心智要么对表征有所觉知，要么通过它对其他事物产生知觉。

布置，而空间永远都填不满。假设我们有非常多的、大小相同的木质立方体，根据欧几里得几何学，我们可以把立方体放在彼此的上面、旁边或者后面，从而填补任一维度的空间部分；但是这种构造永远没有尽头，我们可以一直添加越来越多的立方体，永远不会觉得空间不够用。空间是无限的，就是这个意思。更好的说法是，假设近似刚性物体的布置定律符合欧几里得几何，那么空间相对于近似刚性物体是无限的。

平面是无限连续体的另一个例子。在一个平面上，我们可以一个接一个地平铺正方形的卡片，任意一个卡片的任意一条边都有另一个卡片与它相邻。这种构造也不会有尽头，我们永远都可以再铺上新的卡片——只要这些卡片的布置定律符合欧几里得平面图形的布置规律（图10.2）。因此，平面相对于正方形的卡片是无限的。综上，我们可以说，平面是二维的无限连续体，空间是三维的无限连续体。这里的维度数的意思，我想大家都应该知道。

图 10.2　平面是二维的无限连续体

现在我们举一个二维连续体的例子，它是有限但无界的。我们可以想象一个巨大的球体表面，还有许多大小相同的圆盘小纸片。我们可以把圆盘放在球体表面的任意一个地方，也可以把圆盘移动到球面的任意位置，在移动的过程中，不会碰到任何限制或边界。这样我们就可以说，这个球形表面是一个无界的连续体。另外，球形表面是一个有限的连续体。我们不重叠地把圆盘固定在球体上，最终会把球体的表面占满，再没有空间多布置一个圆盘（图10.3）了。这仅仅是意味着，球形表面对于圆盘来说是有限的。此外，球形表面是具有两个维度的非欧几里得连续体，也就是说，球形表面上刚性图形的布置定律和欧几里得平面上的布置定律并不一致。接下来给大家演示一下。

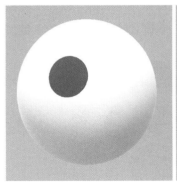

图 10.3　球形表面上的圆片

圆片可以在球体表面上自由运动，所以球面是无界的，但是只能布置有限个圆面，所以球面是有限的。而且尽管一个圆片周围可以有六个圆片，但无法做到完美的两两相切地布置，总有两个相邻的圆片做不到既彼此相切而又不与其他圆片重叠。

在球形表面上可以布置一个圆盘，在这个圆盘周围布置六个圆盘，每个圆盘周围再依次布置六个圆盘，以此类推。如果这个构造是在平面上进行的，那么我们就可以不间断地布置下去，除了最外面的圆盘，每一个圆盘周围都有六个圆盘。假设在球形表面上也进行这样的构造，一开始看起来是可行的，而且圆盘的半径相对于球形的半径越小，可行性越高。但随着构造的进行，我们会越来越明显地发现，圆盘是无法按照这个规则不断布置下去的。而在欧几里得平面上，我们却能做到这一点（图 10.4）。这样，那些无法离开球形表面，甚至无法从球形表面上向三维空间窥视的生物，只要用圆盘做这个实验，就会发现它们的二维"空间"并不是欧几里得式的，而是球形空间。

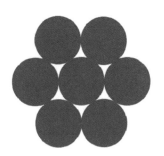

图 10.4　欧几里得平面上的圆片

根据相对论的最新成果，也许我们三维空间的情况也类似于是球形的，也就是说，如果我们考察的空间部分足够巨大，那么其中的刚体布置定律也不符合欧几里得几何定律，而是会近似地符合球形几何定律。这就是读者的想象力会陷入瓶颈的地方。"没有人能想象到这种事物，"读者愤怒地喊道，"我们是可以这样说，但却没有办法这样想。我可以很容易地想象一个二维的球形表面，但却没法想象在三个维度中和它类似的东西。"

我们必须努力克服头脑中的障碍，而且如果读者足够耐心，就会发现这并不是一个非常困难的任务。为了攻克障碍，首先，让我们再次关注二维球形表面的几何学。在图 10.5 中，K 是球形表面，和平面 E 相交于点 S，为了便于标识，将 E 画为有界的平面。L 是布置在球形表面上的圆盘。现在让我们想象球形表面上的点 N，和点 S 沿直径相对。点 N 上有一个发光点，将圆盘 L 的阴影 L' 投射在平面 E 上。球形表面上的每一点在 E 上都有自己的投影。

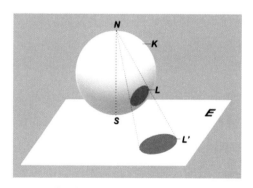

图 10.5　球形表面上的圆片和它在平面 E 上的投影

如果球形表面 K 上的圆盘移动，那么它在平面 E 上的投影 L' 也随之移动。如果圆盘 L 被布置在点 S 上，那么它就会和自己的投影几乎完全重合。如果它沿着球形表

面从点 S 向上移动，那么圆盘的阴影 L' 也会在平面上从点 S 向外移动，变得越来越大。当圆盘 L 移动到发光点 N 时，阴影就会移动到无穷远，变得无穷大（图 10.6）。

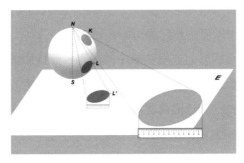

图 10.6　圆盘移动后投影的变化

在圆盘越来越接近点 N 时，投影会越来越远、越来越大，
但同时，衡量尺寸的尺子本身，也会随着一起变大。

　　现在我们的问题是，平面 E 上圆盘阴影 L' 的布置定律是什么呢？显然，它应该和球形表面上圆盘 L 的布置定律完全相同。因为对于球形表面 K 上面每一个初始图形，在 E 上都有一个对应的投影图形。如果在 K 上，有两个圆盘相互接触，那么在 E 上，它们所对应的投影也是相接触的。平面上的"投影几何学"和球形表面上的"圆盘几何学"是一致的。如果我们认为圆盘的投影是刚性图形，那么关于这些刚性图形的球形几何学，在平面 E 上同样有效。此外，对于圆盘阴影来说，平面是有限的，因为只需要有限数目的圆盘就可以填满平面。

　　这个时候有人就会说："这太荒谬了，圆盘阴影并不是刚性图形。只要在平面 E 上把 L' 移动两英尺，就会发现随着投影从 S 移向无穷远的过程中，它的大小不断增加。"但是，如果这个衡量"两英尺"的尺子，在平面 E 上和圆盘投影 L' 一样，随着移向无穷远的过程中，长度也会增加呢？这样就无法表明投影的大小会在远离点 S 的过程中不断增加；这种断言也就不再具有任何意义。事实上，关于圆盘投影所能做出的唯一的客观断言是，它们之间的关系从欧几里得几何的意义上来说，与球形表面上刚性圆盘之间的关系是一样的。

我们必须谨记，"圆盘投影从点 S 向无穷远移动时，大小会随之增加"，这句话本身并没有客观的意义，因为我们无法利用那些能在平面 E 上移动的欧几里得刚体，来达成比较圆盘投影尺寸的目的。对于投影 L' 的放置定律来说，点 S 在平面上和在球形表面上一样，都不具有任何特殊的优先地位。

上面所给出的球形几何在平面上的表征对我们很重要，因为我们可以很轻易地把它转化到三维情形下。

让我们想象一下，在我们的空间中有一个点 S，还有许多小的球形 L'，小球形之间能够被放置成刚好相互重叠（图 10.7）。但是这些球形并不是欧几里得几何意义上的刚性的；当它们从点 S 向无穷远处移动时，它们的半径随之增加（这种增加是在欧几里得几何意义上的），它们半径增长的规律，和平面上圆盘投影 L' 半径增长的规律完全相同。

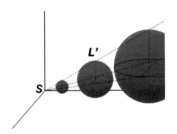

图 10.7 三维空间中的球面 L' 从点 S 向远处移动

在我们对于球面 L' 的几何特性有了清晰的心理图像之后，让我们假设在我们的空间中，根本不存在欧几里得几何意义上的刚体，只有和 L' 的几何特性相同的物体。这样我们就可以对三维球形表面空间，或者说，三维球形几何，进行清晰的表征。我们必须把这些球形叫作"刚性"球形，当远离点 S 时，它们所增加的尺寸无法用测量杆探测出来，就像是在平面 E 上无法探测圆盘投影所增加的面积一样，因为测量标准也会像球形那样发生同样的改变。空间是同质的，也就是说，在空间中所有点所处的环境[1]，都可以获得相同的球形位形（configuration）[2]。我们的空间是有限的，因为随着球形的"增大"，空间中只能容纳有限数目的球形。

----

[1] 原注：我们可以再次考虑球形表面上圆盘的例子（但仅在二维情形下适用），无须计算就可以理解这一点。

[2] 在数学中，特别是射影几何中，平面中的位形由一组有限的点和一组有限的线组成，使得在投影时确保每个点都入射到与之前相同数量的线，并且每个线都入射到与之前相同数量的点。参见 HILLBERT D, COHN-VOSSEN S. Geometry and the Imagination (2nd ed.) [M]. New York: AMS Chelsea Publishing, 1952: 94-170.

这样，通过欧几里得几何给我们带来的思维与可视化的练习作为铺垫，我们已经获得了关于球形几何的心理图像。通过采取特殊的想象性构造，可以很容易地让这些思想更具深度且更加鲜活。用类似的方法来表征所谓的"椭圆几何"中的情况也并不难。而今天我唯一的目的就在于表明，人类的可视化能力，完全不是注定要向非欧几何投降的。

附　录

主要译名对照

A

a priopi 先天的

aberration 光行差

absolute space 绝对空间

action at a distance 超距作用

assign 赋值，指定，赋予

asymmetry 不对称现象，不对称性

axiom 公理

axiomatic 公理化的

axiomatics 公理学

B

bearer 载体

body 物体

C

causal 因果的，因果性的

causal nexus 因果联系

concept 概念

conception 构想

condition 条件，制约

configuration 位形

conformation 构象

contact force 接触力

continuum 连续体

contraction 收缩

convention 习俗，约定

corporeal system 物质系统

D

definite 明确的，确定的

deviation 偏差

differential 微分的

dimension 维，维度

disc 圆盘

disposition 布置

distant force 超距作用力

distribute 分布

dualism 二元论

E

the effect of inertia 惯性效应

elastic wave 弹性波

electro-dynamical 电动力学的

electro-magnetic field 电磁场

elementary particle 基本粒子

entity 实体

epistemology 认识论

epistemological 认识论的

equation 方程

equivalence 等价性

equivalent 等价的

ether 以太

Euclidean geometry 欧几里得几何，欧几里得几何学

experience 经验

extended 广延的

extended conformation 广延构象

extrapolation 外推法

F

the field theory 场论

the forces of nature 自然力

free space 自由空间

G

the general theory of relativity 广义相对论

geodetic measurement 大地测量

geometry behaviour 几何特性

globe 球体

gravitating 具有引力的

gravitation 引力

gravitation potential 引力势

gravitational 引力的

gravity 重力

H

homogeneous 同质的

hypothesis 假说，假设

I

idea 概念，理念，思想
immobility 不动性
impulse 冲量
in vacuo 在真空中
inert system 惯性系
intuition 直觉
intuitive 直观的
isotropic 各向同性的

K

kinematical 运动学的
kinematics 运动学
kinetic energy 动能

L

law 定律，法则
light-wave 光波
line of force 力线
logical-formal 逻辑形式的
luminiferous ether 光以太

M

magnitude 数量，量，大小
material body 物质性的物体
Maxwell-Lorentz equations 麦克斯韦 - 洛伦兹方程组
Maxwell's equations 麦克斯韦方程组
measuring-rod 测量杆

mechanical 力学的，机械的

mechanical behaviour 力学特性

mechanics 力学

medium 介质

metrical 度规的

motif 模体

motion 运动

multiplicity 多样性

N

nature of······ ······的性质，······的本质

nominalistic 唯名论的

non-Euclidean geometry 非欧几里得几何，非欧几何

O

observable object 可被观测的对象

order of magnitude 量级，数量级

P

perceptual 知觉的

permeate 渗透

polarisation 偏振

ponderable 可称量的

potential 势，位势

practical geometry 实用几何

practically-rigid 近似刚性的

predicate 陈述

principle 信条，原理

programme 训练

propagate 传播
propagation 传播
purely axiomatic geometry 纯粹公理化几何
purport 意涵

Q

quasi-rigid 准刚性的

R

radiation 辐射
rapid cathode ray 快速阴极射线
reciprocal 相互的
relativation 相对论化
relativity 相对论，相对性
representation 表征
Riemann's geometry 黎曼几何
rigid 刚性的

S

scalar 标量
schema 图式
schematic 图式性的
sensory 感官的
shadow 投影
sharp spectral line 锐光谱线
simplification 简化
solid 固体，实心的
solid body 固体
space-time 时空